고득점을 향한

필수 암기 노트

01 속담

- 가게 기둥에 입춘: 격에 맞지 않은 것을 빗대어 이르는 말 (繡 개 발에 주석 편자)
- 가꿀 나무는 밑동을 높이 자른다: 장래를 생각해서 미리부터 준비를 철저하게 해 두어 야 함
- 가는 날이 장날: 어떤 일을 하려고 하는데 뜻하지 않은 일을 공교롭게 당함
- 가루는 칠수록 고와지고 말은 할수록 거칠어진다: 말은 길어질수록 시비가 붙을 수 있고 마침내는 말다툼까지 가게 되니 말을 삼가라는 말
- 갓 쓰고 자전거 탄다: 전혀 격에 어울리지 아니하게 차려입은 것을 놀림조로 이르는 말
- 같은 말이라도 '아' 다르고 '어' 다르다: 말이란 같은 내용이라도 표현하는 데 따라서 아주 다르게 들린다는 말
- 개 꼬리 삼년 두어도 황모 못 된다: 본바탕이 좋지 아니한 것은 어떻게 하여도 그 본질이 좋아지지 아니함
- 개구리도 옴쳐야 뛴다: 아무리 급하더라도 일을 이루려면 그 일을 위하여 준비할 시간이 있어야 함
- 개미가 절구통 물고 나간다: 약하고 작은 사람이 힘에 겨운 큰일을 맡아 하거나, 무거운 것을 가지고 감을 비유적으로 이르는 말
- 개밥에 도토리: 따돌림을 받아서 여럿의 축에 끼지 못하는 사람을 이르는 말
- 개 보름 쇠듯 한다: 남들은 다 잘 먹고 지내는 명절 같은 날에 제대로 먹지도 못하고 지냄
- 건너다보니 절터: 겉으로만 보아도 거의 틀림없을 만한 짐작이 든다는 말
- 고기는 씹어야 맛이요, 말은 해야 맛이다: 마땅히 할 말은 해야 한다는 말
- 고슴도치도 제 새끼는 함함하다고 한다: 어버이 눈에는 제 자식이 다 잘나고 귀여워 보인 다는 말
- 고양이 쥐 생각: 속으로는 해칠 마음을 품고 있으면서, 겉으로는 생각해 주는 척함
- 광에서 인심 난다: 자신이 넉넉해야 다른 사람도 도울 수 있음
- 구관이 명관이다: 무슨 일이든 경험이 많거나 익숙한 이가 더 잘하는 법임
- 구더기 무서워서 장 못 담글까: 다소 방해되는 것이 있다 하더라도 마땅히 할 일은 하여 야 함

- 굿하고 싶지만 맏며느리 춤추는 것 보기 싫어 못한다: 무엇을 하려고 할 때에 미운 사람이 따라나서 기뻐하는 것이 보기가 싫어 하기를 꺼림
- 굳은 땅에 물이 고인다: 헤프게 쓰지 않고 아끼는 사람이 재산을 모으게 됨
- 굽은 나무가 선산을 지킨다: 쓸모없어 보이는 것이 도리어 제구실을 하게 됨
- 굿이나 보고 떡이나 먹지: 남의 일에 쓸데없는 간섭을 하지 말고 되어 가는 형편을 보고 있다가 이익이나 얻도록 하라는 말
- 귀에 걸면 귀걸이 코에 걸면 코걸이: 어떤 원칙이 정해져 있는 것이 아니라 둘러대기에 따라 이렇게도 되고 저렇게도 될 수 있음
- 급하다고 바늘 허리에 실 매어 쓰랴: 아무리 급해도 순서를 밟아서 일해야 함
- 긁어 부스럼: 아무렇지도 않은 일을 공연히 건드려서 걱정을 일으킨 경우를 비유적으로 이르는 말
- 기둥을 치면 대들보가 운다: 직접 맞대고 탓하지 않고 간접적으로 넌지시 말을 하여도 알아들을 수가 있음
- 큰 고기는 깊은 물속에 있다: 훌륭한 인물은 많은 사람 속에 섞여 있어 잘 드러나지 아니함
- 꿈보다 해몽이 좋다: 하찮거나 언짢은 일을 그럴듯하게 돌려 생각하여 좋게 풀이함
- 꿔다 놓은 보릿자루: 여럿이 모여 이야기하는 자리에서 아무 말도 하지 않고 한옆에 가만히 있는 사람을 비유적으로 이르는 말
- 끓는 국에 맛 모른다: 급한 경우를 당하면 정확한 판단을 할 수 없음
- 나귀는 제 귀 큰 줄을 모른다: 누구나 남의 허물은 잘 알아도 자기 자신의 결함은 알기 어려움
- 나는 바람 풍(風) 해도 너는 바람 풍 해라: 자신은 잘못된 행동을 하면서 남보고는 잘하라고 요구하는 말
- 남 떡 먹는데 팥고물 떨어지는 걱정한다: 남의 일에 쓸데없이 걱정함
- 남이 장에 간다고 하니 거름지고 나선다: 주관 없이 남의 행동을 따라 함
- 내 칼도 남의 칼집에 들면 찾기 어렵다: 제 것이라도 남의 손에 들어가면 제 마음대로 하기 어렵게 됨
- 냉수 먹고 이 쑤시기: 실속은 없으면서 무엇이 있는 체함
- 노는 입에 염불하기: 일 없이 그저 노는 것보다 되든 안 되든 무엇이나 하는 것이 낫다는 말
- 노적가리에 불 지르고 싸라기 주워 먹는다: 큰 것을 잃고 작은 것을 얻음
- 논 끝은 없어도 일한 끝은 있다: 일을 하지 않으면 아무 성과가 없지만 일을 꾸준히 하면 끝은 반드시 성과가 있다는 말
- 누울 자리 봐 가며 발 뻗는다: 어떤 일을 할 때 그 결과가 어떻게 되리라는 것을 생각하여 미리 살피고 일을 시작하라는 말

- 눈으로 우물 메우기: 눈(雪)으로 우물을 메우면 눈이 녹아서 허사가 되듯이 헛되이 애만 씀

- 느릿느릿 걸어도 황소걸음: 속도는 느리나 오히려 믿음직스럽고 알차다는 말

- 달걀에도 뼈가 있다: 늘 일이 잘 안되던 사람이 모처럼 좋은 기회를 만났건만, 그 일마저 역시 잘 안됨

- 달도 차면 기운다: 세상의 온갖 것이 한번 번성하면 다시 쇠하기 마련이라는 말

- 당장 먹기엔 곶감이 달다: 당장 먹기 좋고 편한 것은 그때 잠시뿐이지 정작 좋고 이로운 것은 못 된다는 말

- 소 닭 보듯: 서로 무심하게 보는 모양을 비유적으로 이르는 말

- 도깨비도 수풀이 있어야 모인다: 누구나 의지할 곳이 있어야 무슨 일이든 시작하거나 이룰 수가 있음 (৷ 소도 언덕이 있어야 비빈다)

- 도끼가 제 자루 못 찍는다: 자기의 허물을 자기가 알아서 고치기 어려움

- 도둑집 개는 짖지 않는다: 윗사람이 나쁜 짓을 하면 아랫사람도 자기 할 일을 잊어버리고 태만하게 됨

- 도둑을 맞으려면 개도 안 짖는다: 운수가 나쁘면 모든 것이 제대로 되지 않음

- 도마에 오른 고기: 이미 잡혀 옴짝달싹 못하고 죽을 지경에 빠졌음

- 돌절구도 밑 빠질 날이 있다: 아무리 튼튼한 것이라도 영구불변한 것은 없다는 말

- 두꺼비 파리 잡아먹듯 한다: 음식을 매우 빨리 먹어 버리는 모습을 비유적으로 이르는 말

- 두부 먹다 이 빠진다: 전혀 그렇게 될 리가 없음에도 일이 안되거나 꼬이는 경우를 비유적으로 이르는 말

- 등치고 간 내먹다: 겉으로는 위하여 주는 체하면서 속으로는 해를 끼친다는 말

- 뚝배기보다 장맛이 좋다: 겉모양은 보잘것없으나 내용은 훨씬 훌륭함

- 말은 보태고 떡은 뗀다: 말은 퍼질수록 더 보태어지고, 음식은 이 손 저 손으로 돌아가는 동안 없어짐

- 말은 할수록 늘고 되질은 할수록 준다: 말은 퍼질수록 보태어지고, 물건은 옮겨 갈수록 줄어듦

- 말이 많으면 쓸 말이 적다: 말을 삼가라는 말

- 말이 많은 집은 장맛도 나쁘다: ① 집안에 잔말이 많으면 살림이 잘 안 된다는 말 ② 입으로는 그럴듯하게 말하지만 실상은 좋지 못하다는 말

- 말 타면 경마 잡히고 싶다: 사람의 욕심이란 한이 없음

- 맑은 물에 고기 안 논다: 사람이 지나치게 결백하면 남이 따르지 않음

- 망건 쓰자 파장: 준비를 하다가 때를 놓쳐 소기의 목적을 이루지 못함

- 머리를 삶으면 귀까지 익는다: 큰일을 하면 거기에 딸린 부분도 자연히 따라 하게 됨

- 모난 돌이 정 맞는다: ① 두각을 나타내는 사람이 남에게 미움을 받게 된다는 말 ② 강직한 사람은 남의 공박을 받는다는 말
- 모진 놈 옆에 있다가 벼락 맞는다: 악한 사람을 가까이하면 반드시 그 화를 입게 됨
- 무쇠도 갈면 바늘 된다: 꾸준히 노력하면 어떤 어려운 일이라도 이룰 수 있음
- 물동이 이고 하늘 보기: 물동이를 머리에 이고 하늘을 보면 물동이에 가려 하늘이 보일리 없듯이 어리석은 행동을 함
- 물방아 물도 서면 언다: 물방아가 정지하고 있으면 그 물도 얼듯이 사람도 운동하지 않고있으면 건강이 나빠짐
- 물 본 기러기 꽃 본 나비: 바라던 바를 이루어 득의양양함
- 물은 트는 대로 흐른다: 사람은 가르치는 대로 되고, 일은 주선하는 대로 됨
- 물이 깊을수록 소리가 없다: 덕이 높고 생각이 깊은 사람은 겉으로 떠벌리고 잘난 체하거나 뽐내지 않음 (🔁 빈 수레가 요란하다)
- 미운 놈 떡 하나 더 준다: 미운 사람일수록 잘해 주고 감정을 쌓지 않아야 함
- 바늘 가는 데 실 간다: 사람의 긴밀한 관계를 비유적으로 이르는 말
- 배 먹고 이 닦기: 한 가지 일에 두 가지 이로움이 있음
- 버들가지가 바람에 꺾일까: 부드러운 것이 때로는 단단한 것보다 강함
- 벌거벗고 환도 차기: 전혀 격에 어울리지 않아 매우 어색하게 보임
- 범은 그려도 뼈다귀는 못 그린다: 겉모양이나 형식은 쉽게 파악할 수 있어도 그 속에담긴 내용은 알기가 어려움
- 변죽을 치면 복판이 운다: 서로 긴밀한 관계가 있음
- 부엌에서 숟가락을 얻었다: 대단치 아니한 일을 하여 놓고 성공이나 한 듯이 자랑함
- 비를 드니까 마당 쓸라고 한다: 일을 하려고 하는 사람에게 쓸데없는 간섭을 해서 기분을망쳐 놓는 경우를 비유적으로 이르는 말
- 빛 좋은 개살구: 겉만 그럴듯하고 실속이 없는 경우를 비유적으로 이르는 말
- 사공이 많으면 배가 산으로 간다: 주관하는 사람 없이 여러 사람이 자기주장만 내세우면일이 제대로 되기 어려움
- 사람과 쪽박은 있는 대로 쓴다: 사람도 다 제 나름대로 쓸모가 있음
- 사람 살 곳은 골골이 있다: 아무리 어려운 환경에서도 도와주는 사람은 다 있음
- 새가 오래 머물면 반드시 화살을 맞는다: 편하고 이로운 곳에 오래 머물며 안일함에 빠지면 반드시 화를 당함
- 새도 가지를 가려서 앉는다: 친구를 사귀거나 직업을 택하는 데에도 신중하게 잘 가려서택해야 함
- 산이 높아야 골이 깊다: 품은 뜻이 높고 커야 품은 포부나 생각도 크고 깊음
- 손 안 대고 코풀기: 일을 힘 안들이고 아주 쉽게 해치움

- 쇠뿔도 단김에 빼랬다: 어떤 일이든지 하려고 생각했으면 한창 열이 올랐을 때 망설이지 말고 곧 행동으로 옮겨야 함
- 쌀독에 앉은 쥐: 부족함 없이 넉넉한 상태에 놓임
- 썩어도 준치: 본디 좋고 훌륭한 것은 비록 상해도 그 본질에는 변함이 없음
- 썩은 새끼 잡아당기다간 끊어진다: 낡아서 거의 못 쓰게 된 것을 잘못 건드리면 아주 못 쓰게 됨
- 아랫돌 빼어 윗돌 괴기: 일이 몹시 급하여 임시변통으로 이리저리 둘러맞추어 일함
- 약방에 감초: 한약에 감초를 넣는 경우가 많아 한약방에 감초가 반드시 있다는 데서, 어떤 일에나 빠짐없이 끼어드는 사람 또는 꼭 있어야 할 물건을 비유적으로 이르는 말
- 어둔 밤에 주먹질하기: 상대방이 보지 않는데서 화를 내는 것은 아무 소용이 없음
- 언 발에 오줌 누기: 임시변통은 될지 모르나 효력이 오래가지 못할 뿐만 아니라 결국에는 사태가 더 나빠짐
- 업은 아이 삼년 찾는다: 무엇을 몸에 지니거나 가까이 두고도 까맣게 잊어버리고 엉뚱한 데 가서 오래도록 찾아 헤매는 경우를 비유적으로 이르는 말
- 우물에 가서 숭늉 찾는다: 성격이 매우 급하거나 일을 하는 데 매우 조급해함
- 입찬소리는 무덤 앞에 가서 하라: 자기를 자랑하며 장담하는 것은 죽고 나서야 하라는 뜻으로, 쓸데없는 장담은 하지 말라는 말
- 잔솔밭에서 바늘 찾기: 매우 찾아내기 어려움
- 잘 집 많은 나그네가 저녁 굶는다: 일을 너무 여러 가지로 벌여 놓기만 하면 결국에는 실패함
- 장님 코끼리 말하듯: 일부분만 알면서 전체를 아는 것처럼 여기는 어리석음
- 장수·나자 용마 났다: 훌륭한 사람이 좋은 때를 만났음
- 절에 가면 중노릇하고 싶다: 일정한 주견이 없이 남이 하는 일을 보면 덮어놓고 따르려고 하는 경우를 비유적으로 이르는 말
- 정들었다고 정말 말라: 아무리 가깝고 다정한 사이라도 서로에게 해서는 안 될 말은 절대로 나누지 말아야 함
- 죽은 자식 나이 세기: 이왕 그릇된 일을 자꾸 생각하여 보아야 소용없다는 말
- 중이 미우면 가사도 밉다: 어떤 사람이 미우면 그에 딸린 사람까지도 다 밉게 보임
- 찬 물에 기름 돌듯: 서로 화합하여 어울리지 아니하고 따로 도는 경우를 비유적으로 이르는 말
- 참깨 들깨 노는데 아주까리가 못 놀까: 남들도 다 하는데 나도 한몫 끼어 하자고 나설 때 이르는 말
- 처삼촌 뫼에 벌초하듯: 일에 정성을 들이지 아니하고 마지못하여 건성으로 함

- 천리마는 늙었어도 천리 가던 생각만 한다: 몸은 비록 늙었어도 마음은 언제나 젊은 시절과 다름이 없음
- 초상술에 권주가 부른다: 때와 장소를 분별하지 못하고 경망스럽게 행동함
- 초상집 개 같다: 먹을 것이 없어서 이 집 저 집 돌아다니며 빌어먹는 사람이나 궁상이 끼고 초췌한 꼴을 한 사람을 비유적으로 이르는 말
- 치고 보니 삼촌이라: 어떤 행동을 하고 나서 알고 보니 매우 실례되는 일이었음
- 침 뱉은 우물을 다시 먹는다: 두 번 다시 안 볼 것 같이 하여도 나중에 다시 만나 사정하게 됨
- 콩 볶아 먹다가 가마솥 깨뜨린다: 작은 재미를 보려고 어떤 일을 하다가 큰일을 저지름
- 큰 방축도 개미구멍으로 무너진다: 작은 일이라고 삼가지 않으면 그로 인해 장차 큰 손해를 입게 됨
- 큰 북에서 큰 소리 난다: 크고 훌륭한 데서라야 무엇이나 좋은 일이 생길 수 있음
- 태산을 넘으면 평지를 본다: 어려운 일이나 고된 일을 겪은 뒤에는 반드시 즐겁고 좋은 일이 생김 (㈜ 고생 끝에 낙이 온다)
- 터진 꽈리 보듯 한다: 사람이나 물건을 아주 쓸데없는 것으로 여겨 중요시하지 아니함
- 팔이 들이굽지 내굽나: 자기 혹은 자기와 가까운 사람에게 정이 더 쏠리거나 유리하게 일을 처리함
- 핑계 없는 무덤 없다: 아무리 큰 잘못을 저지른 사람도 그것을 변명하고 이유를 붙일 수 있음 (㈜ 처녀가 아이를 낳아도 할 말이 있다)
- 하늘 보고 주먹질한다: 어떤 일을 이루려고 노력을 하나 그럴 만한 능력이 없으므로 공연한 짓을 함
- 혀 아래 도끼 들었다: 말을 잘못하면 재앙을 받게 되니 말조심해야 함
- 행랑 빌면 안방까지 든다: 처음에는 소심하게 발을 들여놓다가 재미를 붙이면 대담해져 정도가 심한 일까지 함
- 호미로 막을 것을 가래로 막는다: 적은 힘으로 충분히 처리할 수 있는 일에 쓸데없이 많은 힘을 들이는 경우를 비유적으로 이르는 말
- 흘러가는 물도 떠 주면 공이 된다: 쉬운 일이라도 도와주면 은혜가 됨

02 한자성어

- 가담항설(街談巷說): 거리나 항간에 떠도는 소문
- 각주구검(刻舟求劍): 융통성 없이 현실에 맞지 않는 낡은 생각을 고집하는 어리석음을 이르는 말 (유 수주대토)
- 간난신고(艱難辛苦): 몹시 힘들고 어려우며 고생스러움
- 간담상조(肝膽相照): 서로 속마음을 털어놓고 친하게 사귐
- 갈이천정(渴而穿井): 미리 준비하지 않고 있다가 일이 지나간 뒤에는 아무리 서둘러 봐도 아무 소용이 없음
- 감언이설(甘言利說): 귀가 솔깃하도록 남의 비위를 맞추거나 이로운 조건을 내세워 꾀는 말
- 감탄고토(甘吞苦吐): 달면 삼키고 쓰면 뱉는다는 뜻으로, 자신의 비위에 따라서 사리의 옳고 그름을 판단함
- 갑론을박(甲論乙駁): 여러 사람이 서로 자신의 주장을 내세우며 상대편의 주장을 반박함
- 개세지재(蓋世之才): 세상을 뒤덮을 만큼 뛰어난 재주. 또는 그 재주를 가진 사람
- 거두절미(去頭截尾): 어떤 일의 요점만 간단히 말함
- 거안사위(居安思危): 편안할 때도 위험과 곤란이 닥칠 것을 생각하며 잊지 말고 미리 대비해야 함
- 건곤일척(乾坤一擲): 운명을 걸고 단판걸이로 승부를 겨룸
- 격화소양(隔靴搔癢): 신을 신고 발바닥을 긁는다는 뜻으로, 성에 차지 않거나 철저하지 못한 안타까움을 이르는 말
- 견강부회(牽强附會): 이치에 맞지 않는 말을 억지로 끌어 붙여 자기에게 유리하게 함
- 견문발검(見蚊拔劍): 모기를 보고 칼을 뺀다는 뜻으로, 사소한 일에 크게 성내어 덤빔
- 결자해지(結者解之): 맺은 사람이 풀어야 한다는 뜻으로, 자기가 저지른 일은 자기가 해결하여야 함
- 결초보은(結草報恩): 죽은 뒤에라도 은혜를 잊지 않고 갚음
- 계란유골(鷄卵有骨): 달걀 속에도 뼈가 있다는 뜻으로, 운수가 나쁜 사람은 모처럼 좋은 기회를 만나도 역시 일이 잘 안됨

- 계륵(鷄肋): 닭의 갈비라는 뜻으로, 그다지 큰 소용은 없으나 버리기에는 아까운 것
- 계명구도(鷄鳴狗盜): 비굴하게 남을 속이는 하찮은 재주 또는 그런 재주를 가진 사람
- 고립무원(孤立無援): 고립되어 구원받을 데가 없음
- 고복격양(鼓腹擊壤): 태평한 세월을 즐김
- 고식지계(姑息之計): 우선 당장 편한 것만을 택하는 꾀나 방법 (㋠ 미봉책, 동족방뇨)
- 고육지계(苦肉之計): 어려운 상태를 벗어나기 위해 어쩔 수 없이 꾸며 내는 계책
- 고장난명(孤掌難鳴): ① 혼자 힘만으로 어떤 일을 이루기 어려움 ② 맞서는 사람이 없으면 싸움이 일어나지 않음
- 과유불급(過猶不及): 정도를 지나침은 미치지 못함과 같음 (㋠ 과여불급)
- 괄목상대(刮目相對): 눈을 비비고 상대를 본다는 뜻으로, 남의 학식이나 재주가 놀랄 만큼 부쩍 늚
- 교각살우(矯角殺牛): 쇠뿔을 바로잡으려다 소를 죽인다는 뜻으로, 결점을 고치려다 그 방법이나 정도가 지나쳐 오히려 일을 그르침
- 교언영색(巧言令色): 아첨하는 말과 알랑거리는 태도 (㋠ 감언이설)
- 구밀복검(口蜜腹劍): 말로는 친한 듯하나 속으로는 해칠 생각이 있음 (㋠ 면종복배, 표리부동)
- 구상유취(口尙乳臭): 입에서 아직 젖내가 난다는 뜻으로, 말과 행동이 매우 유치함
- 귤화위지(橘化爲枳): 강남(江南)의 귤을 강북(江北)으로 옮기어 심으면 귤이 탱자가 된다는 뜻으로, 환경에 따라 사람이나 사물의 성질이 변함
- 근묵자흑(近墨者黑): 먹을 가까이 하면 검게 된다는 뜻으로, 나쁜 사람과 가까이 지내면 나쁜 버릇에 물들기 쉬움 (㋠ 근주자적)
- 금의야행(錦衣夜行): 비단 옷을 입고 밤길을 다닌다는 뜻으로, 아무 보람이 없는 일을 함
- 금의환향(錦衣還鄕): 비단 옷을 입고 고향에 돌아온다는 뜻으로, 출세하여 고향에 돌아가거나 돌아옴
- 기우(杞憂): 앞일에 대해 쓸데없는 걱정을 함
- 난형난제(難兄難弟): 누구를 형이라 하고 누구를 아우라 하기 어렵다는 뜻으로, 두 사물이 비슷하여 낫고 못함을 정하기 어려움 (㋠ 막상막하, 백중지세)
- 낭중지추(囊中之錐): 주머니 속의 송곳이라는 뜻으로, 재능이 뛰어난 사람은 숨어 있어도 저절로 사람들에게 알려짐
- 낭중취물(囊中取物): 주머니 속에서 물건을 꺼내듯이 아주 손쉽게 얻을 수 있음
- 노마지지(老馬之智): 늙은 말의 지혜라는 뜻으로, 연륜이 깊으면 나름의 장점과 특기가 있음

- 누란지세(累卵之勢): 몹시 위태로운 형세
- 능소능대(能小能大): 모든 일에 두루 능함
- 단기지계(斷機之戒): 학문을 중도에 그만두는 것은 짜던 베를 끊는 것처럼 아무 쓸모 없음을 경계한 말
- 단사표음(簞食瓢飮): 청빈하고 소박한 생활을 이르는 말
- 단순호치(丹脣皓齒): 붉은 입술과 흰 치아라는 뜻으로, 아름다운 여자를 이름
- 당구풍월(堂狗風月): 서당 개 삼 년이면 풍월을 읊는다는 뜻으로, 그 분야에 대하여 경험 과 지식이 전혀 없는 사람이라도 오래 있으면 얼마간의 경험과 지식을 가짐
- 당랑거철(螳螂拒轍): 제 역량을 생각하지 않고, 강한 상대나 되지 않을 일에 덤벼드는 무모한 행동거지를 비유적으로 이르는 말
- 도탄지고(塗炭之苦): 진흙구덩이나 숯불 속에 떨어진 것 같은 괴로움이라는 뜻으로 백성 이 가혹한 정치로 심한 고통을 겪는 것
- 동량지재(棟梁之材): 한 집안이나 한 나라의 큰일을 맡을 만한 사람
- 동상이몽(同床異夢): 같은 자리에서 자면서 다른 꿈을 꾼다는 뜻으로, 겉으로는 같이 행동하면서도 속으로는 각각 딴생각을 함
- 득롱망촉(得隴望蜀): 만족할 줄을 모르고 계속 욕심을 부리는 경우를 비유적으로 이르 는 말
- 등고자비(登高自卑): 높은 곳에 오르려면 낮은 곳에서부터 시작해야 함
- 등하불명(燈下不明): 등잔 밑이 어둡다는 뜻으로, 가까이에 있는 물건이나 사람을 잘 찾지 못함
- 마부위침(磨斧爲針): 도끼를 갈아 바늘을 만든다는 뜻으로, 아무리 이루기 힘든 일도 끊임없는 노력과 인내로 성공하고야 만다는 뜻
- 막역지우(莫逆之友): 거스름 없는 친한 친구 (凷 막역지간)
- 망년지교(忘年之交): 나이를 따지지 않고 허물없이 사귐
- 망양보뢰(亡羊補牢): 양을 잃고서 우리를 고친다는 뜻으로, 어떤 일이 있고 나서야 뒤늦 게 대비함
- 망운지정(望雲之情): 타향에서 어버이를 그리워하는 마음
- 맥수지탄(麥秀之嘆): 기자(箕子)가 은나라가 망한 뒤에도 보리만은 잘 자라는 것을 보고 한탄하였다는 데서 유래한 것으로 고국의 멸망을 한탄함
- 면종복배(面從腹背): 겉으로는 복종하는 체하면서 속으로는 배반함
- 멸사봉공(滅私奉公): 사(私)를 버리고 공(公)을 위하여 힘씀
- 명경지수(明鏡止水): 사념(邪念)이 전혀 없는 깨끗한 마음
- 명실상부(名實相符): 이름과 실상이 들어맞음
- 명약관화(明若觀火): 불을 보듯 분명하고 뻔함

- 명재경각(命在頃刻): 목숨이 곧 끊어질 것 같은 위태로운 상황 (㊫ 풍전등화, 일촉즉발, 초미지급, 위기일발)
- 모순(矛盾): 어떤 사실의 앞뒤, 또는 두 사실이 이치상 어긋나서 서로 맞지 않음을 이르는 말 (㊫ 자가당착)
- 목불식정(目不識丁): 낫 놓고 기역자도 모를 만큼 아주 무식함
- 목불인견(目不忍見): 눈앞에 벌어진 상황 따위를 눈 뜨고 차마 볼 수 없음
- 묘두현령(猫頭懸鈴): 고양이 목에 방울 달기라는 뜻으로, 실행할 수 없는 헛된 논의를 가리킴
- 무불통지(無不通知): 무슨 일이든 모르는 것이 없음 (㊫ 무소부지)
- 무소불위(無所不爲): 못할 것이 없음
- 무위도식(無爲徒食): 하는 일 없이 놀고먹음
- 문일지십(聞一知十): 하나를 들으면 열을 알 정도로 총명함
- 미증유(未曾有): 지금까지 한 번도 있어 본 일이 없음
- 박이부정(博而不精): 널리 알지만 정밀하지 못함
- 반목질시(反目嫉視): 미워하고 질투하는 눈으로 봄 (㊫ 백안시)
- 반포보은(反哺報恩): 자식이 자라서 어버이의 은혜에 보답함 (㊫ 반포지효)
- 발본색원(拔本塞源): 폐단의 근원을 아주 뽑아 버려 다시는 그러한 일이 생길 수 없도록 함
- 방약무인(傍若無人): 곁에 사람이 없는 것처럼 아무 거리낌 없이 함부로 말하고 행동함
- 백골난망(白骨難忘): 죽어도 잊지 못할 큰 은혜를 입음
- 백년가약(百年佳約): 남녀가 부부가 되어 평생을 함께 하겠다는 아름다운 약속
- 백년하청(百年河淸): 백 년을 기다린다 해도 황하의 물은 맑아지지 않는다는 뜻으로, 아무리 바라고 기다려도 실현될 가능성이 없음을 이르는 말
- 백년해로(百年偕老): 부부가 서로 사이좋게 지내며 함께 늙음
- 백중지세(伯仲之勢): 서로 우열을 가리기 힘든 형세 (㊫ 난형난제, 막상막하, 백중지간)
- 부화뇌동(附和雷同): 아무런 주견 없이 남이 하는 대로 덩달아 행동함
- 불립문자(不立文字): 마음에서 마음으로 전함 (㊫ 이심전심)
- 불문가지(不問可知): 묻지 않아도 알 수 있음
- 불치하문(不恥下問): 자기보다 아랫사람에게 묻는 것을 부끄럽게 여기지 않음
- 빙탄지간(氷炭之間): 얼음과 숯 사이라는 뜻으로, 서로 화합할 수 없는 사이
- 사면초가(四面楚歌): 아무에게도 도움을 받지 못하는 외롭고 곤란한 처지
- 사상누각(沙上樓閣): 모래 위에 세운 누각이라는 뜻으로, 기초가 튼튼하지 못하여 오래 견디지 못할 일이나 물건

- 사족(蛇足): 안 해도 될 쓸데없는 일을 해서 도리어 일을 그르침
- 사필귀정(事必歸正): 모든 일은 결국 바른길로 돌아감
- 사후약방문(死後藥方文): 때가 지난 후에 대책을 세우니 소용이 없음
- 상산구어(上山求魚): 산에서 물고기를 찾는다는 뜻으로, 도저히 불가능한 일을 굳이 하려 함 (㊎ 연목구어)
- 상전벽해(桑田碧海): 뽕나무 밭이 변하여 푸른 바다가 되었다는 뜻으로, 세상일의 변천이 심함을 이르는 말
- 새옹지마(塞翁之馬): 인생의 길흉화복은 일정하지 않아 예측할 수 없음
- 설망어검(舌芒於劍): 혀는 칼보다 날카로움. 즉, 말이 칼보다 무서움
- 수구초심(首丘初心): 여우가 죽을 때 머리를 자기가 살던 굴 쪽으로 둔다는 뜻으로, 고향을 그리워하는 마음
- 수불석권(手不釋卷): 손에서 책을 놓지 않는다는 뜻으로 늘 학문을 열심히 함
- 수어지교(水魚之交): 물고기가 물을 떠나서는 살 수 없듯이 떨어지려 해도 떨어질 수 없는 아주 친한 사이
- 숙맥불변(菽麥不辨): 콩인지 보리인지를 분별하지 못함. 즉, 사물을 잘 분별하지 못하는 어리석은 사람을 가리킴
- 순망치한(脣亡齒寒): 입술을 잃으면 이가 시리다는 뜻으로, 서로 의지하는 사이 중 한쪽이 망하면 다른 한쪽도 영향을 받음
- 식소사번(食少事煩): 먹을 것은 적은데 할 일은 많음
- 십벌지목(十伐之木): 열 번 찍어 안 넘어가는 나무가 없음
- 십시일반(十匙一飯): 여러 사람이 힘을 모으면 한 사람을 돕기는 쉬움
- 아전인수(我田引水): 자기 논에 물대기. 즉, 자기에게만 이롭게 하는 것
- 애이불비(哀而不悲): 속으로는 슬프지만 겉으로는 슬픔을 나타내지 않음
- 양두구육(羊頭狗肉): 양 머리를 걸어 놓고 개고기를 판다는 뜻으로, 겉과 속이 서로 다름
- 언중유골(言中有骨): 부드러운 표현 속에 만만치 않은 뜻이 들어 있음
- 여반장(如反掌): 손바닥을 뒤집는 것처럼 쉬움
- 염량세태(炎涼世態): 세력이 있을 때는 따르고 세력이 없어지면 푸대접하는 세상인심
- 오매불망(寤寐不忘): 자나 깨나 잊지 못함
- 오월동주(吳越同舟): 서로 적의를 품은 사람들이 한자리에 있게 된 경우나 서로 협력하여야 하는 상황
- 온고지신(溫故知新): 옛것을 익혀서 그것을 미루어 새것을 깨달음 (㊎ 법고창신)
- 우공이산(愚公移山): 어떤 일이라도 끊임없이 노력하면 반드시 이루어짐 (㊎ 마부작침, 적소성대, 적토성산)

- 유비무환(有備無患): 미리 준비가 되어 있으면 근심이 없음
- 이구동성(異口同聲): 입은 다르나 목소리는 같다는 뜻으로, 여러 사람의 말이 한결같음
- 이현령비현령(耳懸鈴鼻懸鈴): 귀에 걸면 귀걸이 코에 걸면 코걸이라는 뜻으로, 어떤 사실이 이렇게도 저렇게도 해석됨
- 인과응보(因果應報): 과거에 행한 선악에 따라 뒷날 길흉화복의 갚음을 받는다는 말
- 인지상정(人之常情): 사람이라면 누구나 가지는 인정이나 생각
- 일어탁수(一魚濁水): 한 사람의 잘못으로 여러 사람이 피해를 입게 됨
- 임갈굴정(臨渴掘井): 목이 말라야 우물을 판다는 뜻으로, 미리 준비하지 않고 지내다가 일을 당하고 나서야 서두름
- 자가당착(自家撞着): 자기 언행의 전후가 일치하지 않음
- 자강불식(自强不息): 스스로 몸과 마음을 가다듬어 쉬지 않음
- 적수공권(赤手空拳): 맨손과 맨주먹. 아무것도 가진 것이 없음
- 전전반측(輾轉反側): 근심이 있어 뒤척거리며 잠을 못 이룸
- 전화위복(轉禍爲福): 재앙과 환난이 바뀌어 오히려 복이 됨
- 정문일침(頂門一鍼): 정수리에 침을 꽂는다는 뜻으로, 따끔한 충고나 교훈을 이름
- 조령모개(朝令暮改): 아침에 내린 명령을 저녁에 다시 바꾼다는 뜻으로, 법령이나 명령을 자주 바꿈
- 조삼모사(朝三暮四): 간사한 꾀로 남을 속이거나, 눈앞에 보이는 차이만 아는 어리석음
- 좌정관천(坐井觀天): 우물 속에 앉아서 하늘을 본다는 뜻으로, 사람의 견문(見聞)이 매우 좁음 (囧 정중관천, 정저지와)
- 주마가편(走馬加鞭): 달리는 말에 채찍질한다는 뜻으로, 잘하는 사람을 더욱 장려함
- 주마간산(走馬看山): 달리는 말 위에서 산천을 구경한다는 뜻으로, 자세히 살피지 아니하고 되는 대로 지나쳐 봄
- 중구난방(衆口難防): 막기 어려울 정도로 여럿이 마구 지껄임
- 지기지우(知己之友): 자기의 속마음을 참되게 알아주는 벗
- 지록위마(指鹿爲馬): 사슴을 가리켜 말이라고 한다는 뜻으로, 윗사람을 속여 함부로 권세를 부림
- 진인사대천명(盡人事待天命): 노력을 다한 후 천명을 기다림
- 창해일속(滄海一粟): 넓고 큰 바다 속의 좁쌀 한 알이라는 뜻으로, 아주 많거나 넓은 것 가운데 있는 매우 하찮고 작은 것 (囧 구우일모)
- 천우신조(天佑神助): 하늘이 돕고 신이 도움
- 천재일우(千載一遇): 좀처럼 만나기 어려운 좋은 기회
- 청출어람(靑出於藍): 제자가 스승보다 더 훌륭한 경우 (囧 후생가외)

- 초미지급(焦眉之急): 눈썹에 불이 붙음과 같이 매우 다급한 상황
- 촌철살인(寸鐵殺人): 조그만 쇠붙이로 사람을 죽인다는 뜻으로, 간단한 말로 사물의 가장 요긴한 데를 찔러 듣는 사람을 감동하게 하는 것
- 침소봉대(針小棒大): 작은 것을 크게 과장해서 말함
- 타산지석(他山之石): 다른 사람의 사소한 언행이나 실수도 나에게 커다란 교훈이나 도움이 될 수 있음
- 토사구팽(兎死狗烹): 토끼를 다 잡고 나면 개를 삶는다는 뜻으로, 쓸모 있을 때는 이용하다가 가치가 없어지면 버림
- 파안대소(破顔大笑): 매우 즐거운 표정으로 활짝 웃음
- 평지풍파(平地風波): 고요한 땅에 바람과 물결을 일으킨다는 뜻으로, 뜻밖의 분쟁이 일어남
- 풍수지탄(風樹之歎): 효도를 다하지 못한 채 어버이를 여읜 자식의 슬픔
- 하로동선(夏爐冬扇): 여름의 화로와 겨울의 부채라는 뜻으로, 격이나 철에 맞지 않음
- 하석상대(下石上臺): 아랫돌 빼서 윗돌 괴고 윗돌 빼서 아랫돌 괴기. 즉, 임시변통으로 이리저리 둘러댐
- 학수고대(鶴首苦待): 학처럼 목을 길게 빼고 간절히 기다림
- 한우충동(汗牛充棟): 수레로 끌면 마소가 땀을 흘리고, 쌓아 올리면 들보에 닿을 만하다는 뜻으로 책이 많음
- 해로동혈(偕老同穴): 부부가 살아서는 함께 늙으며 죽어서는 한 무덤에 묻힌다는 뜻으로, 사랑의 굳은 맹세를 이름
- 허심탄회(虛心坦懷): 마음속에 아무런 거리낌 없이 솔직한 태도로 품은 생각을 터놓고 말함
- 형창설안(螢窓雪案): 반딧불이 비치는 창과 눈(雪)에 비치는 책상이라는 뜻으로, 어려운 가운데서도 학문에 힘씀 (⊕ 형설지공)
- 호가호위(狐假虎威): 여우가 호랑이의 위세를 빌려 뽐냄. 즉, 남의 힘을 빌어서 힘 있는 체 함
- 호구지책(糊口之策): 가난한 살림에서 그저 겨우 먹고 살아가는 방책
- 호사유피(虎死留皮): 범이 죽으면 가죽을 남기는 것과 같이 사람도 죽은 뒤에 이름을 남겨야 함
- 호사토읍(狐死兎泣): 여우의 죽음에 토끼가 슬피 운다는 뜻으로, 같은 무리의 불행을 슬퍼함
- 화룡점정(畵龍點睛): 가장 요긴한 곳에 손을 대어 작품을 완성함
- 혼정신성(昏定晨省): 부모를 잘 섬기고 효성을 다함

- 효시(嚆矢): 어떤 사물이나 현상이 시작되어 나온 맨 처음을 비유적으로 이르는 말
- 회자정리(會者定離): 만나면 반드시 헤어지기 마련임
- 흥진비래(興盡悲來): 즐거운 일이 지나가면 슬픈 일이 닥쳐온다는 뜻으로, 세상일은 순환됨 (凹 고진감래)

03 헷갈리기 쉬운 어휘

X	O	X	O	X	O
널판지	널빤지	넓다랗다	널따랗다	반짓고리	반짇고리
가던지	가든지	네째	넷째	번번히	번번이
가벼히	가벼이	모밀	메밀	삭월세	사글세
간(한 간)	칸(한 칸)	몇 일	며칠	생각컨대	생각건대
강남콩	강낭콩	녹슬은	녹슨	서슴치	서슴지
객적다	객쩍다	높따랗다	높다랗다	숫놈	수놈
거칠은	거친	눈쌀	눈살	숫닭	수탉
곰곰히	곰곰이	늙으막	늘그막	아지랭이	아지랑이
곱배기	곱빼기	닥달하다	닦달하다	옛스럽다	예스럽다
금새	금세 (지금 바로)	더우기	더욱이	오랫만에	오랜만에
풋나기	풋내기	뒷굼치	뒤꿈치	요컨데	요컨대
꺼꾸로	거꾸로	딱다구리	딱따구리	일찌기	일찍이
껍질채	껍질째	뚜렷히	뚜렷이	조그만하다	조그마하다
꼬깔	고깔	말숙하다	말쑥하다	집개	집게
끔찍히	끔찍이	머릿말	머리말	치닥거리	치다꺼리
넙적하다	넓적하다	멋적다	멋쩍다	통털어	통틀어
무우	무	바래다	바라다(望)		

단 어	뜻
너머	높이나 경계로 가로막은 사물의 저쪽. 또는 그 공간 예 산 너머
넘어	일정한 시간, 시기, 범위 따위에서 벗어나 지나다 예 적군은 천 명이 훨씬 넘었다.
띄다	눈에 보이다('뜨이다'의 준말) 예 원고에 가끔 오자가 눈에 띈다.
띠다	빛깔이나 색채 따위를 가지다 예 붉은빛을 띤 장미
틀리다	셈이나 사실 따위가 그르게 되거나 어긋나다 예 답이 틀리다.
다르다	비교가 되는 두 대상이 서로 같지 아니하다 예 나는 너와 다르다.
가리키다	손가락 따위로 어떤 방향이나 대상을 집어서 보이거나 말하거나 알리다 예 그는 손가락으로 북쪽을 가리켰다.
가르치다	지식이나 기능, 이치 따위를 깨닫게 하거나 익히게 하다 예 그는 그녀에게 운전을 가르쳤다.
어느	둘 이상의 것 가운데 대상이 되는 것이 무엇인지 물을 때 쓰는 말 예 어느 것이 맞는 답입니까?
여느	그 밖의 예사로운. 또는 다른 보통의 예 올여름은 여느 여름보다 더운 것 같다.
늘이다	본디보다 더 길어지게 하다 예 고무줄을 늘이다.
늘리다	물체의 넓이, 부피 따위를 본디보다 커지게 하다 예 주차장의 규모를 늘리다.
부치다	편지나 물건 따위를 일정한 수단이나 방법을 써서 상대에게 보내다 예 아들에게 학비와 용돈을 부치다.
붙이다	맞닿아 떨어지지 아니하다 예 봉투에 우표를 붙이다.
삭이다	긴장이나 화가 풀려 마음이 가라앉다 예 분을 삭이다.
삭히다	김치나 젓갈 따위의 음식물이 발효되어 맛이 들다 예 김치를 삭히다.
일절	아주, 전혀, 절대로의 뜻으로, 흔히 행위를 그치게 하거나 어떤 일을 하지 않을 때 쓰는 말 예 출입을 일절 금하다.
일체	모든 것 예 이 가게는 음료 종류의 일체를 갖추었다.

언어논리

04 고유어

- 가래다: ① 맞서서 옳고 그름을 따짐 (윤 가루다) ② 남의 일을 방해함
- 가리사니: 사물을 판단할 수 있는 지각이나 실마리
- 가린스럽다: 매우 인색함
- 가말다: 일을 맡아 처리함
- 가멸다: 재산이 많아 살림이 넉넉함
- 간나위: 간사스러운 사람
- 갓밝이: 날이 밝을 무렵 (윤 어둑새벽, 여명)
- 겉볼안: 겉을 보면 속까지도 짐작해서 알 수 있음
- 고즈넉하다: 고요하고 쓸쓸함
- 곰상궂다: 성질이 부드럽고 다정스러움
- 구쁘다: 먹고 싶어 입맛이 당김
- 난든집: 손에 익숙한 재주
- 난바다: 육지에서 멀리 떨어진 넓은 바다 (윤 원양)
- 너나들이: 서로 너니 나니 하고 부르며 터놓고 지내는 사이
- 너울가지: 남과 잘 사귀는 솜씨 (윤 붙임성, 포용성)
- 놉: 품삯과 음식을 받고 일을 하는 일꾼이나 그 일꾼을 부리는 일
- 눅다: 반죽 따위가 무름
- 눌면하다: 보기 좋은 만큼 알맞게 누르스름하다
- 늠늠하다: 속이 너그럽고 활달함
- 달포: 한 달이 약간 넘은 기간
- 답치기: ① 되는 대로 함부로 덤벼드는 짓 ② 생각 없이 덮어놓고 하는 짓
- 대갚음: 남에게 받은 은혜나 원한을 그대로 갚는 일
- 덜퍽지다: 푸지고 탐스러움
- 두꺼비씨름: 졌다 이겼다 하여 결국에는 피차일반임
- 두남두다: 자기 맘에 드는 편에만 힘을 씀
- 두동지다: 앞뒤가 모순이 되어 서로 맞지 않음

- 두름: 물고기 스무 마리를 열 마리씩 두 줄로 엮은 것의 단위
- 뒷갈망: 일이 벌어진 뒤에 그 뒤끝을 처리하는 일 (㊒ 뒷감당)
- 들마: 가게나 상점의 문을 닫을 무렵
- 따리: 아첨하는 말
- 똘기: 채 익지 않은 과실
- 마수걸이: 그날 처음으로 물건을 파는 일
- 만무방: 예의와 염치가 없는 사람
- 말미: 휴가, 겨를
- 맹문: 일의 경위
- 먼지잼하다: 비가 겨우 먼지나 날리지 않을 정도로 옴
- 모주: 술을 늘 대중없이 많이 먹는 사람 (㊒ 모주망태)
- 뭉때리다: ① 능청맞게 시치미 뗌 ② 할 일을 일부러 하지 않음
- 미쁘다: 믿음직함
- 미욱하다: 어리석고 둔함
- 미주알고주알: 아주 사소한 일까지 속속들이 (㊒ 밑두리콧두리, 낱낱이)
- 밍밍하다: 음식 맛이 몹시 싱거움
- 밑절미: 사물의 기초, 본디부터 있는 바탕
- 방짜: 아주 알차고 훌륭한 물건
- 벌충: 손실을 입거나 모자라는 것을 보태어 채움
- 변죽: 그릇 따위의 가장자리
- 볼만장만: 보기만 하고 참견하지 아니하는 모양
- 볼맞다: ① 서로 손이 맞음 ② 낫고 못함이 없이 비슷하여 서로 걸맞음
- 붓날다: 말이나 하는 짓이 가볍고 들뜸
- 붙박이다: 한 곳에 박혀있어 움직이지 아니함
- 비나리치다: 아첨을 해가며 환심을 삼
- 비다듬다: 곱게 매만져서 다듬음
- 빨래말미: 장마 중에 날이 잠깐 든 사이
- 사로지다: 자는 둥 마는 둥하게 잠
- 사뭇: ① 내내 끝까지 ② 사무칠 정도로 몹시
- 사부자기: 힘들이지 않고 가만히
- 살갑다: ① 세간 따위가 겉으로 보기보다는 속이 너름 ② 마음씨가 부드럽고 다정함

- 생게망게하다: 터무니가 없어서 이해할 수 없음
- 선드러지다: 태도가 맵시 있고 경쾌함
- 시르죽다: ① 기운을 못 차림 ② 기를 펴지 못함
- 쑥수그레하다: 여러 개의 물건이 별로 크지도 작지도 않고 거의 고름
- 안다미씌우다: 제가 담당할 책임을 남에게 지움
- 애면글면: 약한 힘으로 무엇을 이루느라고 온갖 힘을 다하는 모양
- 어리눅다: 일부러 어리석은 체함
- 언거번거하다: 쓸데없는 말이 많고 경망하며 수다스러움
- 열쌔다: 매우 재빠르고 날쌤
- 오달지다: 올차고 여무져 실속 있음
- 올곧다: ① 마음이 정직함 ② 줄이 바르고 곧음
- 용천하다: 법석을 떨거나 분별없이 행동함
- 우두망찰하다: 갑자기 닥친 일에 정신이 얼떨떨하여 어찌할 바를 모름
- 울릉대다: 힘이나 말로써 남을 위협함
- 자늑자늑하다: 동작이 조용하며 가볍고 부드러움
- 자리끼: 밤에 자다가 마시려고 잠자리 머리맡에 두는 물
- 잗널다: 음식을 깨물어 잘게 만듦
- 점직하다: 약간 부끄럽고 미안한 느낌이 있음
- 조리차하다: 아껴서 알뜰히 씀
- 조리치다: 졸음이 올 때 잠깐 졸다가 깸
- 종요롭다: 없어서는 안 될 만큼 중요함
- 줏대잡이: 중심이 되는 사람
- 지르되다: 제때를 지나 더디게 자람
- 지며리: 차분하고 꾸준히
- 짐짓: 마음은 그렇지 않으나 일부러 그렇게
- 짜장: 과연, 정말로
- 천둥벌거숭이: 두려운 줄 모르고 함부로 날뛰기만 하는 사람
- 콩켸팥켸: 사물이 마구 뒤섞여서 뒤죽박죽 된 것을 가리킴
- 텡쇠: 겉으로는 튼튼한 듯이 보이나 속은 허약한 사람
- 투미하다: 어리석고 둔함
- 풀치다: 맺혔던 생각을 돌리어 너그럽게 용서함
- 함초롬하다: 젖거나 서려 있는 모습이 가지런하고 고움

- 훔훔하다: 얼굴에 매우 흐뭇한 표정이 나타나 있음
- 훤칠하다: ① 길이가 길고 미끈함 ② 탁 트여 깨끗하고도 시원함
- 휫손: ① 남을 휘어잡아 잘 부리는 솜씨 ② 일을 잘 처리하는 솜씨
- 흑죽학죽: 일을 정성껏 맺지 않고 어름어름 넘기는 모양
- 희떱다: ① 속은 비었어도 겉으로는 호화로움 ② 한 푼 없어도 손이 크고 마음이 넓음 ③ 실제보다 과장이 많음
- 힘지다: 힘이 있음

01 기초 · 응용수리 계산공식

■ 최대공약수와 최소공배수

- **최대공약수**: 공약수 중에서 가장 큰 수
- **최소공배수**: 공배수 중에서 가장 작은 수

예　〈최대공약수〉　　　　　〈최소공배수〉

$$
\begin{array}{r}
2\ )\ \underline{24\quad 36\quad 84} \\
2\ )\ \underline{12\quad 18\quad 42} \\
3\ )\ \underline{6\quad\ 9\quad 21} \\
2\quad\ 3\quad\ 7
\end{array}
\qquad
\begin{array}{r}
3\ )\ \underline{18\quad 24\quad 45} \\
3\ )\ \underline{6\quad\ 8\quad 15} \\
2\ )\ \underline{2\quad\ 8\quad\ 5} \\
1\quad\ 4\quad\ 5
\end{array}
$$

$$\therefore\ 2\times 2\times 3 = 12 \qquad \therefore\ 3\times 3\times 2\times 1\times 4\times 5 = 360$$

■ 지수법칙

a, b가 임의의 실수이고 m, n이 자연수일 때

- $a^m a^n = a^{m+n}$
- $(a^m)^n = a^{m \times n}$
- $a^m \div a^n = \begin{cases} a^{m-n} & (m > n\text{일 때}) \\ 1 & (m = n\text{일 때}) \\ \dfrac{1}{a^{n-m}} & (m < n\text{일 때})(\text{단},\, a \neq 0) \end{cases}$
- $(ab)^n = a^n b^n$, $\left(\dfrac{a}{b}\right)^n = \dfrac{a^n}{b^n}$ (단, $b \neq 0$)

■ 곱셈공식(변형 포함)

- $(a+b)^2 = a^2 + 2ab + b^2$
- $(a-b)^2 = a^2 - 2ab + b^2$
- $(a+b)(a-b) = a^2 - b^2$
- $(x+a)(x+b) = x^2 + (a+b)x + ab$

- $(ax+b)(cx+d) = acx^2 + (ad+bc)x + bd$
- $(a+b+c)^2 = \{(a+b)+c\}^2$

$$= (a+b)^2 + 2(a+b)c + c^2$$
$$= a^2 + b^2 + c^2 + 2ab + 2bc + 2ca$$

- $a^2 + b^2 = (a+b)^2 - 2ab = (a-b)^2 + 2ab$
- $(a+b)^2 = (-a-b)^2$
- $(a-b)^2 = (b-a)^2$
- $(a+b)^2 = (a-b)^2 + 4ab$
- $(a-b)^2 = (a+b)^2 - 4ab$
- $x^2 + \dfrac{1}{x^2} = \left(x + \dfrac{1}{x}\right)^2 - 2 = \left(x - \dfrac{1}{x}\right)^2 + 2$

■ 등식의 성질

$a = b$일 때

- 양변에 같은 수를 더해도 성립 $\Rightarrow a+c = b+c$
- 양변에 같은 수를 빼어도 성립 $\Rightarrow a-c = b-c$
- 양변에 같은 수를 곱해도 성립 $\Rightarrow a \times c = b \times c$
- 양변에 0이 아닌 같은 수로 나눠도 성립 $\Rightarrow a \div c = b \div c$ (단, $c \neq 0$)

■ 일차방정식의 풀이

예 $2x - \dfrac{4}{7} = \dfrac{2}{7}(5x+4)$

i) 계수가 분수나 소수이면 정수로 고친다.	양변에 7을 곱하면 $14x - 4 = 2(5x+4)$
ii) 괄호가 있으면 괄호를 풀고 정리한다.	$14x - 4 = 10x + 8$
iii) x를 포함한 항은 좌변으로, 상수항은 우변으로 이항한다.	$14x - 10x = 8 + 4$
iv) 양변을 정리하여 $ax = b$ $(a \neq 0)$의 꼴로 고친다.	$4x = 12$
v) x의 계수로 양변을 나눈다.	$x = \dfrac{12}{4} = 3$

■ 부등식의 성질

$a < b$일 때

• 양변에 같은 수를 더하거나 빼도 부등호의 방향은 변하지 않음

⇒ $a+c < b+c$, $a-c < b-c$

• 양변에 같은 양수를 곱하거나 나눠도 부등호의 방향은 변하지 않음

⇒ $a \times c < b \times c$, $\dfrac{a}{c} < \dfrac{b}{c}$ (단, $c > 0$)

• 양변에 같은 음수를 곱하거나 같은 음수로 나누면 부등호의 방향이 변함

⇒ $a \times c > b \times c$, $\dfrac{a}{c} > \dfrac{b}{c}$ (단, $c < 0$)

■ 일차부등식의 풀이

예 $\dfrac{2x+1}{3} \leq \dfrac{3x+2}{2} + 1$

ⅰ) 계수가 분수나 소수이면 정수로 고친다.	양변에 6을 곱하면 $2(2x+1) \leq 3(3x+2)+6$
ⅱ) 괄호가 있으면 괄호를 풀고 정리한다.	$4x+2 \leq 9x+12$
ⅲ) x를 포함한 항은 좌변으로, 상수항은 우변으로 이항한다.	$4x-9x \leq 12-2$
ⅳ) 양변을 정리하여 $ax > b$, $ax \geq b$, $ax < b$, $ax \leq b$ $(a \neq 0)$의 꼴로 고친다.	$-5x \leq 10$
ⅴ) x의 계수로 양변을 나눈다. 이때, x의 계수가 음수이면 부등호의 방향은 바뀐다.	$x \geq -2$

■ 거리 · 속력 · 시간

• (거리) = (속력) × (시간)

• (속력) = $\dfrac{(거리)}{(시간)}$

• (시간) = $\dfrac{(거리)}{(속력)}$

■ 농도

• (소금물의 농도) $= \dfrac{(소금의\ 양)}{(소금물의\ 양)} \times 100$

• (소금의 양) $= \dfrac{(소금물의\ 농도)}{100} \times (소금물의\ 양)$

■ 증가 · 감소

• x가 $a\%$만큼 증가: $\left(1 + \dfrac{a}{100}\right)x$

• x가 $a\%$만큼 감소: $\left(1 - \dfrac{a}{100}\right)x$

■ 금액

• (정가) = (원가) + (이익)

• a원에서 $b\%$만큼 할인한 가격: $a\left(1 - \dfrac{b}{100}\right)$

■ 날짜 · 요일

• 1일 = 24시간 = 1,440분 = 86,400초
• 월별 일수

31일	30일	28일 or 29일
1월, 3월, 5월, 7월, 8월, 10월, 12월	4월, 6월, 9월, 11월	2월

■ 시계

• 시침이 1시간 동안 이동하는 각도: $\dfrac{360°}{12} = 30°$

• 시침이 1분 동안 이동하는 각도: $\dfrac{30°}{60} = 0.5°$

• 분침이 1분 동안 이동하는 각도: $\dfrac{360°}{60} = 6°$

■ 확률

$$p = \frac{a}{n} = \frac{(\text{사건 } A \text{가 일어나는 경우의 수})}{(\text{일어날 수 있는 모든 경우의 수})}$$

■ 상대도수

• 상대도수: 전체 도수에 대한 각 계급 도수의 비율

$$(\text{각 계급의 상대도수}) = \frac{(\text{그 계급의 도수})}{(\text{총 도수})}$$

• 상대도수의 총합은 1임
• 상대도수는 자료 전체의 수가 다른 두 집단의 분포상태를 비교할 때 사용됨

■ 평면도형의 넓이

• 삼각형의 넓이: $S = \frac{1}{2}ah$ (a: 밑면의 넓이, h: 높이)

• 정사각형의 넓이: $S = a^2$ (a: 한 변의 길이)
• 평행사변형의 넓이: $S = ah$ (a: 밑면의 넓이, h: 높이)

• 사다리꼴의 넓이: $S = \frac{(a+b)}{2}h$ (a: 윗변, b: 밑변, h: 높이)

• 원
  − 원주: $l = 2\pi r$ (r: 반지름)
  − 원의 넓이: $S = \pi r^2$ (r: 반지름)
• 부채꼴

  − 호의 길이: $l = 2\pi r \frac{x}{360}$ (r: 반지름, x: 중심각)

  − 부채꼴의 넓이: $S = \pi r^2 \times \frac{x}{360} = \frac{1}{2}rl$ (r: 반지름, l: 호의 길이)

■ 입체도형의 부피와 겉넓이

• 기둥의 부피와 겉넓이
  − 각기둥
    부피(V) = (밑넓이)×(높이) = Ah (A: 밑넓이)
    겉넓이(S) = (옆넓이)+(밑넓이)×2
  − 원기둥
    부피(V) = $\pi r^2 h$ (r: 밑면의 반지름, h: 높이)
    겉넓이(S) = $2\pi rh + 2\pi r^2 = 2\pi r(h+r)$

- **뿔의 부피와 겉넓이**
  - 각뿔

    부피$(V) = \dfrac{1}{3} \times (밑넓이) \times (높이) = \dfrac{1}{3}Ah$

    겉넓이$(S) = (밑넓이) + (옆넓이)$
  - 원뿔

    부피$(V) = \dfrac{1}{3}\pi r^2 h$

    겉넓이$(S) = \pi r^2 + \pi r l = \pi r(r+l)$

- **구의 부피와 겉넓이**
  - 부피$(V) = \dfrac{4}{3}\pi r^3$

  - 겉넓이$(S) = 4\pi r^2$

■ **수열**

- **등차수열**: 첫째항부터 차례로 일정한 수를 더하여 만든 수열

  예   1 → 3 → 5 → 7 → 9 → 11 → 13 → 15

  +2 +2 +2 +2 +2 +2 +2

- **등비수열**: 첫째항부터 차례로 일정한 수를 곱하여 만든 수열

  예   1   2   4   8   16   32   64   128

  ×2 ×2 ×2 ×2 ×2 ×2 ×2

- **계차수열**: 앞의 항과의 차가 일정하게 증가하는 수열

  예   1   2   4   7   11   16   22   29

  +1 +2 +3 +4 +5 +6 +7

  +1 +1 +1 +1 +1 +1

- **피보나치수열**: 앞의 두 항의 합이 그 다음 항이 되는 수열

  $a_n = a_{n-1} + a_{n-2} \ (n \geq 3, \ a_1 = 1, \ a_2 = 1)$

  예   1   1   2   3   5   8   13   21

  1+1 1+2 2+3 3+5 5+8 8+13

- **건너뛰기 수열**: 두 개 이상의 수열이 일정한 간격을 두고 번갈아가며 나타나는 수열

  예   1   1   3   7   5   13   7   19

  - 홀수항: 1 → 3 → 5 → 7

    +2 +2 +2

  - 짝수항: 1 → 7 → 13 → 19

    +6 +6 +6

02 자료해석 계산공식

■ 단위
- 길이: $10\text{mm} = 1\text{cm}$, $100\text{cm} = 1\text{m}$, $1{,}000\text{m} = 1\text{km}$
- 무게: $1{,}000\text{mg} = 1\text{g}$, $1{,}000\text{g} = 1\text{kg}$, $1{,}000\text{kg} = 1\text{t}$
- 면적: $1\text{m}^2 = 10{,}000\text{cm}^2$, $1\text{km}^2 = 1{,}000{,}000\text{m}^2$
- 부피: $1{,}000\text{cm}^3 = 1{,}000\text{mL} = 1\text{L}$, $1{,}000\text{L} = 1\text{kL}$

■ 비율
기준량에 대해 비교하는 양의 크기

$$(비율) = \frac{(비교하는\ 양)}{(기준량)}$$

■ 백분율
- 기준량을 100으로 할 때의 비율
- 비율을 백분율로 나타낼 때는 비율에 100을 곱함

$$백분율(\%) = (비율) \times 100 = \frac{(비교하는\ 양)}{(기준량)} \times 100$$

■ 자료의 비교
- 대푯값: 전체 자료의 특징을 대표적으로 나타내는 값
- 평균: (변량의 총합) ÷ (변량의 개수)
  = (계급값 × 도수의 총합) ÷ (도수의 총합)
- 중앙값: 변량을 크기 순으로 나열할 때, 중앙에 오는 값
- 최빈값: 변량 중에서 도수가 가장 큰 값
  - 0개 또는 2개 이상일 수 있음
  - 도수분포표에서는 도수가 가장 큰 계급의 계급값

■ 비례배분

- 전체의 양을 주어진 비로 나누는 것
- 전체의 양과 비에 따라 비례배분한 값은 달라짐
- 비례배분한 각각의 값의 합은 전체의 양과 같음

전체의 양을 $A : B = \blacksquare : \blacktriangle$로 비례배분하기

$$A = (전체의\ 양) \times \frac{\blacksquare}{\blacksquare + \blacktriangle}$$

$$B = (전체의\ 양) \times \frac{\blacktriangle}{\blacksquare + \blacktriangle}$$

■ 통계

- **변량**: 조사 내용의 특성을 수량으로 나타낸 것
- **편차**: 수치, 위치, 방향 따위가 일정한 기준에서 벗어난 정도나 크기

  $(편차) = (원점수(변량)) - (평균)$
- **분산**: 통계에서 변량이 평균으로부터 떨어져 있는 정도를 나타내는 값

  $$(분산) = \frac{((편차)^2의\ 총합)}{(변량의\ 개수)}$$
- **표준편차**: 자료의 분산 정도를 나타내는 수치, 분산의 제곱근

  $$(표준편차) = \sqrt{(분산)}$$

■ 구성비/증감률

$$(구성비) = \frac{(일부)}{(전체)} \times 100$$

$$(증감률) = \frac{(비교년도\ 수) - (기준년도\ 수)}{(기준년도\ 수)} \times 100$$

한능검 대비 연표

선사시대+연맹왕국

구석기(70만 년 전~)	신석기(B.C. 8000~)
정치 · 사회 • 가족 중심의 무리사회 • 평등사회 • 이동생활	정치 · 사회 • 부족사회(족외혼) • 원시 신앙(애니미즘, 샤머니즘, 토테미즘)
경제 · 생활 • 사냥, 채집생활, 어로 • 동굴, 막집 거주 • 뗀석기(주먹도끼: 사냥용, 밀개 · 긁개: 조리용) 　→ 잔석기(화살촉, 슴베찌르개) • 불(불 땐 흔적), 언어사용	경제 · 생활 • 농경시작(조, 피, 수수 등) → 정착생활 → 민족형성 • 움집 거주, 해안가나 강가 근처 • 간석기 사용 • 가락바퀴, 뼈바늘 → 의복, 그물 제작 • 토기: 이른 민무늬 → 덧무늬, 빗살무늬
문화 · 유적 • 연천 전곡리(주먹도끼, 뗀석기) • 공주 석장리 • 단양 수양개(조각, 그림) • 청원 두루봉(흥수아이)	문화 · 유적 • 서울 암사동(움집, 빗살무늬, 반달돌칼 등) • 부산 동삼동(조개더미) • 제주 한경 고산리(토기) • 봉산 지탑리(탄화조와 피)

청동기~철기시대

청동기(B.C. 2000~)	철기(B.C. 500~)
정치 · 사회 • 군장국가(고조선의 출현) • 선민사상(천자, 天子) • 계급사회(고인돌) • 사유재산(계급의 발생)	정치 · 사회 • 연맹왕국(초기 고대국가)
경제 · 생활 • 청동기 사용(무기, 장신구, 제식도구, 농기구 등) • 장방형움집(지상가옥, 주춧돌) • 낮은 산간, 매산임수에서 취락 • 본격적인 농경 시작(탄화벼)	경제 · 생활 • 철제 농기구의 사용 → 농업 생산량 증가 → 빈부격차 　증가 • 화폐(명도전), 붓(창원 다호리) → 중국과의 교역

문화·유적	문화·유적
• 비파형동검, 거친무늬 청동거울, 마제석검(의식용) • 미송리식 토기(민무늬: 화분·팽이형), 고인돌(북방, 남방) • 붉은 간토기(홍도) • 돌무지무덤·돌널무덤(구덩식) • 반달돌칼·홈자귀·바퀴날도끼(농사도구) • 부여 송국리 • 울주 반구대	• 독자적 청동문화(초기 철기) 거푸집(세형동검), 잔무늬 청동거울 • 청동기(의식용: 청동방울) • 덧띠 토기, 검은 간토기(흑도) • 널무덤, 독무덤 • 바위그림(울주 반구대: 어로생활, 고령 양전동: 동경 생활)

연맹왕국

고조선(B.C. 2000~)	
정치상	사회상

• 최초의 군장국가(초기 철기)
• 단군신화(삼국유사에 기록)
• 농경문화, 청동문화
• B.C. 4세기 기자조선 → B.C. 2세기 위만조선으로 발전
  – 영역: 요동~대동강 이북(왕검성)
  – 왕위세습, 관직
• B.C. 108 멸망: 한무제의 침입 → 한 군현 설치
	• 단군신화(삼국유사)
	  – 민족의식의 고취
	  – 천신, 선민, 토테미즘
	  – 농경
	  – 홍익인간(민본주의, 제정일치)
	• 8조 금법
	  – 자율적 관습법: 전통적 미풍양속
	  – 보복주의 원칙

위만조선	
• 유민 출신인 위만이 준왕을 몰아내고 권력 장악 • 철기 문화 수용	• 중계 무역 전개 • 한의 공격으로 멸망

연맹 왕국				
부여	고구려	옥저	동예	삼한
• 5부족 연맹체 • 사출도(마가, 우가, 저가, 구가) • 순장 • 1책 12법 • 영고(12월) • 우제점법 • 반농반목	• 5부족 연맹체 • 상가, 고추가 등 • 사자, 조의, 선인 • 제가 회의 • 약탈 경제 • 서옥제 • 동맹(10월)	• 군장(읍군, 삼로) • 소금, 어물 등 풍부 • 고구려에 공물 납부 • 가족 공동묘 • 민며느리제	• 군장(읍군, 삼로) • 단궁, 과하마, 반어 피 등 특산물 • 책화(부족 생활 중시) • 무천(10월)	• 군장(신지, 읍차) • 제사장(천군) • 소도(신성 지역) • 제정 분리 사회 • 철 생산(변한), 낙랑, 왜 등 수출 • 철제 농기구 활용 • 저수지 축조 • 수릿날(5월) • 계절제(10월)

삼국시대~통일신라

	0~100	100~200	200~300	300~400	400~500
고구려	동명성왕 (B.C. 37~B.C. 19) 고구려 건국 (B.C. 37) 유리왕 (B.C. 19~A.D. 18) 국내성 천도(A.D. 3)	태조왕 (53~146) 고씨 왕위 독점 세습 중앙 집권 체제 정비 고국천왕 (179~197) 왕위 부자 상속 진대법 실시(194)	동천왕 (227~248) 요동 서안평 공격 (242) 위 관구검 침입과 국내성 함락(244)	미천왕 (300~331) 서안평 점령(311) 낙랑군 축출(313) 대방군 축출(314) 고국원왕 (331~371) 백제와의 평양성 전투에서 전사(371) 소수림왕 (371~384) 태학 설립, 불교 수 용(372) 율령 반포(373) 광개토 대왕 (391~412) 백제 관미성 함락 (392) / 숙신 정벌 (398)	광개토 대왕 (391~412) 신라에 지원군 파 견(400) 후연 격퇴(407), 동 부여 정벌(410) 장수왕 (412~491) 광개토 대왕릉비 건립(414) 평양성 천도(427) 백제 한성 함락, 개 로왕 전사(475)
백제	온조왕 (B.C. 18~A.D. 28) 백제 건국(B.C. 18)		고이왕 (234~286) 왕위 형제 상속 관등, 관복 제정 (260) 율령 반포(260)	근초고왕 (346~375) 왕위 부자 상속 평양성 공격(371) 고흥, 『서기』 편찬 (375) 침류왕 (384~385) 불교 공인(384)	비유왕 (427~455) 신라와 나제 동맹 체결(433) 개로왕 (455~475) 장수왕의 한성 침 입으로 전사(475) 문주왕 (475~477) 웅진 천도(475) 동성왕 (479~501) 신라와 혼인 동맹 체결(493)
신라	박혁거세 (B.C. 57~A.D. 4) 신라 건국(B.C. 57)			내물 마립간 (356~402) 마립간 칭호 사용 김씨 왕위 독점 왜의 침입으로 광 개토 대왕에게 군 사 요청(399)	눌지 마립간 (417~458) 백제와 나제 동맹 체결(433)

	500~600	600~676
고구려	영양왕(590~618) 수 문제의 1차 침입(598) 이문진, 『신집』 5권 저술(600)	영양왕(590~618) 을지문덕의 살수 대첩(612) 영류왕(618~642) 천리장성 축조(631) 보장왕(642~668) 연개소문 집권(642) 당 태종의 침입, 안시성 전투(645) 연개소문 사후 내분 발생(666) 고구려 멸망(668) / 고구려 부흥 운동(670~674)
백제	무령왕(501~523) 22담로 왕족 파견 성왕(523~554) 사비 천도, 국호 남부여(538) 한강 유역 수복(551), 관산성 전투(554)	의자왕(641~660) 대야성 등 신라 40여 개 성 함락(642) 백제 멸망(660) / 백제 부흥 운동(660~663)
신라	지증왕(500~514) 순장 금지, 우경 실시(502) 왕 칭호 사용, 국호 신라 확정(503) / 우산국 정벌(512) 법흥왕(514~540) 병부 설치(517), 율령 반포, 공복 제정(520) 불교 공인(527), 금관가야 병합(532) 진흥왕(540~576) 한강 유역 진출(553), 관산성 전투(554) 대가야 멸망, 가야 연맹 해체(562) / 화랑도 창설(576)	선덕 여왕(632~647) 황룡사 구층 목탑 건립(643) 태종 무열왕(654~661) 진골 최초 국왕 황산벌 전투, 백제 멸망(660) 문무왕(661~681) 고구려 멸망(668) / 외사정 설치(673) 나당 전쟁 승리, 삼국 통일(676)

	676~800	800~900	900~936
통일 신라	신문왕(681~692) 국학 설치(682) / 9주 5소경 완성(685) / 관료전 지급(687) / 녹읍 폐지(689) 성덕왕(702~737) 정전 지급(722) 경덕왕(742~765) 녹읍 부활(757) 혜공왕(765~780) 피살 사건, 무열왕계 왕위 세습 종료(780) 원성왕(785~798) 독서삼품과 설치(788)	헌덕왕(809~826) 김헌창의 난(822) 흥덕왕(826~836) 장보고, 청해진 설치(828) 진성여왕(887~897) 원종, 애노의 난(889) 최치원, 시무 10조 제시(894)	효공왕(897~912) 견훤, 후백제 건국(900) 궁예, 후고구려 건국(901) 경애왕(924~927) 견훤의 공격으로 피살(927) 경순왕(927~935) 고려에 항복, 신라 멸망(935)
발해	대조영(698~719) 발해 건국(698) 무왕(719~737) 인안 연호 사용(719) / 장문휴, 당의 등주 공격(732) 문왕(737~793) 대흥 연호 사용(737) / 상경 용천부 천도(755) / 동경 용원부 천도(785)	선왕(818~830) 5경 15부 62주 완성 / 해동성국으로 불림	대인선(906~926) 거란의 공격으로 발해 멸망(926)

고려

918~1000	1000~1100
태조 왕건(918~943) 고려 건국(918) / 흑창 설치(918) / 신라의 투항(935) 후백제 멸망, 후삼국 통일(936) / 사성 정책, 호족 통합 정책 / 역분전 지급(940) / 훈요 10조(943) **정종(945~949)** 광군 30만 조직(947) **광종(949~975)** 노비안검법 시행(956) / 과거 제도 시행(958) 백관 공복 제정(960) **경종(975~981)** 시정 전시과 시행(976) **성종(981~997)** 최승로, 시무 28조 건의(982) / 12목 지방관 파견(983) 국자감 설치(992) / 상평창 설치(993) / 거란의 1차 침입 (993), 서희의 외교 담판(993) / 강동 6주 획득(994) **목종(997~1009)** 개정 전시과 시행(998)	**현종(1009~1031)** 강조의 정변(1009) / 거란의 2차 침입(1010) 초조대장경 간행 시작(1011) / 거란의 3차 침입(1018) 강감찬, 귀주 대첩(1019) **정종(1034~1046)** 천리장성 축조(1044) **문종(1046~1083)** 경정 전시과 시행(1076) **숙종(1095~1105)** 의천, 천태종 창시(1097)

1100~1200	1200~1300	1300~1392
숙종(1095~1105) 은병(활구) 제작(1101) / 해동통보 주 조(1102) / 윤관, 별무반 설치(1104) **예종(1105~1122)** 별무반 여진 정벌, 동북 9성 설치 (1107) / 7재 설치(1109) / 양현고 설치 (1119) **인종(1122~1146)** 이자겸의 난(1126) / 묘청의 서경 천도 운동(1135) / 김부식, 『삼국사기』 편찬 (1145) **의종(1146~1170)** 무신 정변(1170) **명종(1170~1197)** 무신 정권 시작(1170) / 망이, 망소이 의 난(1176) / 이규보, 『동명왕편』 집 필(1193) / 최충헌, 최씨 무신 정권 수 립(1196) **신종(1197~1204)** 만적의 난(1198)	**고종(1213~1259)** 몽골의 1차 침입(1231) / 강화 천도 (1232) / 몽골의 2차 침입, 처인성 전 투(1232) / 팔만대장경 제작(1251) 쌍성총관부 설치(1258) **원종(1259~1274)** 개경 환도, 무신 정권 종료(1270) 삼별초의 항쟁(1270~1273) **충렬왕(1274~1298, 1298~1308)** 정동행성 설치(1280) / 2차 일본 원정 실패(1281) / 일연, 『삼국유사』 저술 (1281) / 이승휴, 『제왕운기』 저술 (1287)	**충선왕(1298, 1308~1313)** 연경에 만권당 설치(1314) **공민왕(1351~1374)** 정방 폐지, 전민변정도감 설치(1352) 쌍성총관부 폐지(1356) 친원 세력 제거(1356) **우왕(1374~1388)** 최영, 홍산 대첩(1376) 최무선, 화통도감 설치(1377) 이성계, 황산 대첩(1380) 최무선, 진포 대첩(1380) 이성계, 위화도 회군(1388) **공양왕(1389~1392)** 박위, 쓰시마 섬 토벌(1389) 과전법 실시(1391) 고려 멸망(1392)

조선

1392~1450	1450~1500	1500~1550
태조(1392~1398) 이성계, 조선 건국(1392) 한양 천도(1394) / 제1차 왕자의 난 (1398) **정종(1398~1400)** 제2차 왕자의 난(1400) **태종(1400~1418)** 사병 혁파(1400) 신문고 설치(1401) 호패법 시행(1413) 6조 직계제 시행(1414) **세종(1418~1450)** 이종무, 쓰시마 섬 토벌(1419) / 집현 전 확대 개편(1420) / 『농사직설』편찬 (1429) / 『향약집성방』 편찬(1433) 장영실, 자격루 제작(1434) / 갑인자 주조(1434) / 의정부 서사제 시행 (1436) / 측우기 제작(1441) 『칠정산』 편찬(1444) / 『의방유취』 편 찬(1445) / 훈민정음 반포(1446)	**문종(1450~1452)** 『고려사』 편찬(1451) **단종(1452~1455)** 계유정난(1453) **세조(1455~1468)** 직전법 시행(1466) 6조 직계제 부활 **성종(1469~1494)** 관수 관급제 시행(1470) 홍문관 설치(1478) 『경국대전』 반포(1485) **연산군(1494~1506)** 무오사화(1498)	**연산군(1494~1506)** 갑자사화(1504) / 중종 반정(1506) **중종(1506~1544)** 삼포 왜란(1510) / 비변사 설치(1517) 현량과 실시(1519) / 위훈 삭제 사건 (1519) / 기묘사화(1519) 주세붕, 백운동 서원 건립(1543) **명종(1545~1567)** 을사사화(1545) 양재역 벽서 사건(1547)

1550~1600	1600~1650	1500~1550
명종(1545~1567) 을묘왜변(1555) 임꺽정의 활동(1559~1562) **선조(1567~1608)** 사림의 동인, 서인 분열(1575) 정여립의 난(1589) / 임진왜란 발발 (1592) / 한산도 대첩(1592) / 진주 대 첩(1592) / 훈련도감 설치(1593) 행주 대첩(1593) / 정유재란 발발 (1597) / 명량 해전(1597) / 노량 해전 (1598)	**광해군(1608~1623)** 대동법 경기도 시범 시행, 선혜청 설 치(1608) / 기유약조 체결(1609) 허준, 『동의보감』 저술(1610) 인목 대비 폐위(1618) / 인조 반정 (1623) **인조(1623~1649)** 이괄의 난(1624) / 어영청 설치(1624) 정묘호란(1627) / 영정법 실시(1635) 병자호란(1636)	**효종(1649~1659)** 북벌 운동 추진 / 시헌력 시행(1653) 제1차 나선 정벌(1654) 제2차 나선 정벌(1658) **현종(1659~1674)** 기해예송(제1차 예송논쟁, 1659) 갑인예송(제2차 예송논쟁, 1674) **숙종(1674~1720)** 상평통보 유통(1678) 경신환국(1680) / 기사환국(1689) / 갑술환국(1694)

1700~1750	1750~1800	1850~1900
숙종(1674~1720)	**영조(1724~1776)**	**철종(1849~1863)**
대동법 확대 실시	조엄, 고구마 전래(1763)	김정희, 『금석과안록』 저술
백두산정계비 건립(1712)	유형원의 『반계수록』 간행(1770)	최제우, 동학 창시(1860)
영조(1724~1776)	『동국문헌비고』 편찬(1770)	임술 농민 봉기(1862)
탕평책 실시 / 탕평비 건립(1742)	**정조(1776~1800)**	**고종(1863~1907)**
『속오례의』 편찬(1744)	규장각 설치(1776)	흥선 대원군 집권(1863) / 서원 철폐
『속대전』 편찬(1746)	박제가, 『북학의』 저술(1778)	(1864)
균역법 실시(1750)	초계문신제 시행(1781)	비변사 폐지, 『대전회통』 편찬(1865)
	유득공, 『발해고』 저술(1784)	경복궁 중건(1865~1868), 원납전 징
	『대전통편』 편찬(1785)	수(1865)
	장용영 설치(1788)	당백전 발행(1866), 사창제 시행(1866)
	신해통공(1791) / 신해박해(1791)	병인박해, 병인양요, 제너럴 셔먼호
	수원 화성 완성(1796)	사건(1866) / 오페르트 도굴 사건
	1800~1850	(1868) / 신미양요, 척화비 건립, 호포
		제 시행(1871)
	순조(1800~1834)	운요호 사건(1875) / 강화도 조약 체
	공노비 해방(1801)	결, 수신사 파견(1876) / 영선사 파견,
	신유박해(1801) / 홍경래의 난(1811)	조사 시찰단 파견, 영남 만인소(1881)
	정약용, 『목민심서』 저술(1818)	임오군란, 조청 상민 수륙 무역 장정
	헌종(1834~1849)	(1882) / 제물포 조약, 조미 수호 통상
	기해박해(1839)	조약(1882)
		보빙사 파견, 원산 학사 설립(1883)
		갑신정변(1884) / 한성 조약, 거문도
		사건(1885)
		육영 공원 설립(1886)
		동학 농민 운동, 청일 전쟁, 갑오개혁
		(1894)
		이제마, 『동의수세보원』 저술(1894)
		교육입국조서 반포(1895)
		을미사변, 을미개혁, 을미의병(1895)
		아관 파천, 독립 협회 결성, 독립신문
		간행(1896)
		대한 제국 선포(1897), 헌의 6조
		(1898) / 대한국 국제 선포(1899)

근대, 일제강점기

1900~1910	1910~1920	1920~1930
고종(1863~1907) 지계아문 설치, 지계 발급(1901) 하와이 이주(1902) / 한일 의정서 (1904) 제1차 한일 협약(1904) 보안회 조직(1904) / 러일 전쟁(1904) 을사늑약, 을사의병(1905) 경부선 개통(1905) 통감부 설치(1906) 대한 자강회 조직(1906) 헤이그 특사 파견, 고종 강제 퇴위 (1907) **순종(1907~1910)** 한일 신협약, 군대 해산, 정미의병 (1907) 신민회 설립, 국채 보상 운동(1907) / 오산 학교 설립(1907) / 대성 학교 설 립(1908) 13도 창의군, 서울 진공 작전(1908) 전명운·장인환, 스티븐스 저격(1908) 신채호, 「독사신론」 연재(1908) 안중근, 이토 히로부미 저격(1909) 간도 협약 체결(1909) / 국권 피탈, 한 일 병합 조약(1910)	**무단 통치 시기** 회사령 시행(1910) 105인 사건(1911) / 신민회 해체(1911) 제1차 조선 교육령(1911) 조선 태형령(1912) / 토지 조사령 (1912) / 흥사단 조직(1913) 호남선 개통(1914) 대한 광복군 정부 설립(1914) 박은식, 「한국통사」 저술(1915) 김규식, 파리 강화 회의 참석(1919) 2·8 독립 선언서, 3·1 운동(1919) 의열단 조직(1919) 대한민국 임시 정부 수립(1919) 봉오동 전투, 청산리 전투(1920)	**문화 통치 시기** 회사령 폐지(1920) / 산미 증식 계획 (1920) / 물산 장려 운동(1920) 박은식, 「한국독립운동지혈사」 저술 (1920) 자유시 참변(1921) 조선어 연구회 조직(1921) / 제2차 조 선 교육령(1922) / 민립 대학 설립 운 동(1922) 국민 대표 회의(1923) / 형평 운동 (1923) 신채호, 조선 혁명 선언 작성(1923) 암태도 소작 쟁의(1923) 경성 제국 대학 설립(1924) 조선 노농 총동맹 결성(1924) 치안 유지법(1925) / 미쓰야 협정 (1925) / 6·10 만세 운동(1926) 정우회 선언(1926) 한용운, 「님의 침묵」 간행(1926) 신간회 조직(1927) / 근우회 조직 (1927) / 원산 노동자 총파업(1929) / 광주 학생 항일 운동(1929)

1930~1940	1940~1945
민족 말살 통치기 조선어연구회, 조선어 학회로 개칭(1931) 브나로드 운동(1931) / 한인 애국단 조직(1931) 이봉창, 윤봉길 의거(1932) / 쌍성보 전투(1932) / 흥경성·영릉가 전투(1932) 농촌 진흥 운동(1932) 백남운, 「조선사회경제사」 저술(1933) 조선 농지령(1934) 진단 학회 조직(1934) 황국 신민 서사 암송(1937) 국가 총동원령(1938) 제3차 조선 교육령(1938) 창씨개명(1939) / 국민 징용령(1939) / 미곡 공출제(1939) 식량 배급제(1939) 임시정부 충칭 정착(1940) 한국 광복군 조직(1940)	국민 학교령(1941) 조선어 학회 사건(1942) 학도 지원병 제도(1943) 제4차 조선 교육령(1943) 카이로 회담(1943) 징병 제도(1944) 여자 정신대 근무령(1944) 조선 건국 준비 위원회(1945) 얄타 회담(1945) 포츠담 회담(1945) 국내 진공 작전 준비(1945) 8·15 광복(1945)

현대

1945~1960	1960~1970	1970~1980
미군정기 모스크바 3국 외상 회의(1945) 제1차 미·소 공동 위원회(1946) 좌우 합작 위원회(1946) / 남북 협상 (1948) / 제주 4·3 사건(1948) 5·10 총선거, 제헌 국회, 대한민국 정부 수립(1948) **이승만 정부** 반민족 행위 처벌법 제정(1948) 농지 개혁법 제정(1949) 농지 개혁 실시(1950) 6·25 전쟁(1950) 인천 상륙 작전(1950) / 1·4 후퇴 (1951) / 휴전 회담 개최(1951) 발췌 개헌(1952) / 지방 자치제 시행 (1952) 반공 포로 석방(1953) / 휴전 협정 체 결(1953) / 한미 상호 방위 조약(1953) / 사사오입 개헌(1954) 우리말 큰사전 편찬(1957) 3·15 부정 선거(1960) / 4·19 혁명 (1960) / 장면 내각 성립(1960)	5·16 군사 정변(1961) 제1차 경제 개발 5개년 계획 발표 (1962) 박정희 정부 수립(1963) **박정희 정부** 6·3 항쟁(1964) 베트남 파병(1964) 한일 국교 정상화(1965) 제2차 경제 개발 5개년 계획 발표 (1967) 3선 개헌(1969) 새마을 운동 추진(1970) 경부 고속 도로 개통(1970)	제3차 경제 개발 5개년 계획(1972) 7·4 남북 공동 성명(1972) 남북 조절 위원회 설치(1972) 10월 유신 발표(1972) 3·1 민주 구국 선언(1976) 제4차 경제 개발 5개년 계획(1977) 수출 100억 달러 달성(1977) YH 사건(1979) 부산·마산 민주 항쟁(1979) 10·26 사건(1979) / 12·12 사태 (1979) 5·18 민주화 운동(1980)

1980~1990	1990~2000
전두환 정부 공직자 윤리법(1981) 프로 야구 출범(1982) 남북 이산가족 상봉(1985) 4·13 호헌 조치, 6월 민주 항쟁, 6·29 선언(1987) **노태우 정부** 제24회 서울 올림픽 개최(1988) 국민 연금 제도 도입(1988) 헝가리, 폴란드 등 동유럽 국가와 국교 수립(1989) 소련과 국교 수립(1990)	남북한 유엔 동시 가입(1991) / 남북 기본 합의서(1991) 한반도 비핵화에 관한 공동 선언(1991) 중국과 국교 수립(1992) **김영삼 정부** 금융 실명제, 공직자 재산 등록제 실시(1993) 민족 공동체 통일 방안 발표(1994) 지방 자치제 재시행(1995) 경제 협력 개발 기구(OECD) 가입(1996) IMF 구제 금융 신청(1997) **김대중 정부** 금강산 관광 실시(1998) / 남북 정상 회담(2000) / 6·15 공동 선언(2000) 한일 월드컵 개최(2002) **노무현 정부** 개성 공단 건설(2004) 한국 – 칠레 간 자유 무역 협정 체결(2004) KTX 개통(2004) / 호주제 폐지(2005) 제2차 남북 정상 회담(2007) / 10·4 남북 공동 선언 (2007) 한국 – 미국 간 자유 무역 협정 체결(2007)